U0176584

粗糙食堂 III

来一碗,
超满足!

莲小兔 著绘

中信出版集团｜北京

图书在版编目（CIP）数据

来一碗，超满足！ / 莲小兔著绘 . -- 北京：中信
出版社，2020.1
（粗糙食堂系列）
ISBN 978-7-5217-1282-7

Ⅰ . ①来… Ⅱ . ①莲… Ⅲ . ①食谱 Ⅳ .
① TS972.12

中国版本图书馆 CIP 数据核字 (2019) 第 265036 号

来一碗，超满足！

著　绘：莲小兔
出版发行：中信出版集团股份有限公司
　　　　　（北京市朝阳区惠新东街甲 4 号富盛大厦 2 座 邮编 100029）
承　印　者：鸿博昊天科技有限公司

开　本：880mm×1230mm　1/32　　印　张：5.5　　字　数：145 千字
版　次：2020 年 1 月第 1 版　　　印　次：2020 年 1 月第 1 次印刷
广告经营许可证：京朝工商广字第 8087 号
书　　号：ISBN 978-7-5217-1282-7
定　　价：55.00 元

序 天塌下来也要好好吃饭

一生那么长，最美好的莫过于跟自己喜欢的人一起吃简简单单的家常便饭，或者是一个人享受独处的时光，捣腾出心满意足的料理。

如今，生活节奏越来越快，很多时候我们都没办法给自己做一顿两菜一汤，但我们对健康也越来越重视，即使是一个人，也想要好好吃一餐简单便捷的美味。我自己一个人生活久了，有时候忙起来不爱做太烦琐的菜，但是外卖不好吃又油腻，也不健康，所以我就开始把心思花在简单、便捷又好吃，让自己"一碗就能满足"的搭配上，更幸福的是只需要洗一个碗！所以这次我将我的食谱中最具美味与实操性的部分，集结成了"粗糙食堂"系列的第三本书——《来一碗，超满足！》。

在这本书中，我将分六个部分介绍一些营养快手餐。这些食谱不仅适合爱吃米饭的人，也考虑到了喜欢粉面的朋友。最重要的是，虽然我非常喜欢吃肉，但是这60道食谱中仍有很大部分努力做到了蔬菜与肉类的平衡，保证大家营养摄入的均衡。对于不擅长下厨的朋友，更是有六个专题来帮助你做好、吃好每一餐饭。

这本书虽然还是以一人食为主，但是也可以做给家人和朋友吃。生活节奏太快，不需要准备很多，就可以让忙碌了一天的你为自己或者家人、朋友轻松做出美味的一餐。只要一碗，有荤有素，就可以很满足啦！

2018 年年初出版《粗糙食堂》的时候，编辑建议我把"粗糙食堂"出成系列。只要规划好每本书的封面颜色，那么当出版的书越来越多后，就可以像彩虹一样排列开。等我老了，我的书架上就能摆放自己的"彩虹"。所以，当年年中我们翻新升级、再版了我的第一本书《一个人的幸福餐》。如今迎来了"粗糙食堂"系列第三本。这就是我坚持画画出书的动力和人生目标。我一直觉得（虽然有点幼稚），人生在世，总要留点痕迹，我想留下一道"彩虹"。

很多人都希望看到我的"两个人的幸福餐"，我更想看到！那说明我终于"脱单"了。不知道出到第几本书，才有两个人的幸福餐呢（心酸）。一直看我书的人，也能见证我的人生历程吧。

我会在这本书中延续"画风粗糙，风味不糙"的风格，希望大家喜欢！

莲小兔

习惯在平凡日子里，用美食记录对生活的热爱。遇到美食不仅想要大口吃掉，还喜欢用手中画笔记录下来。并不擅长用电脑绘画，执着于手绘每篇食谱，然后分享给大家。宅、吃得胖、猫狗双全、坐拥百万粉丝的美食达人，正是在下。

目录

🍲 粉、面，一碗满足

🍚 炒饭，一碗满足

你问我答（Q&A）

Q 日式酱油、鲜酱油、酱油的区别是什么？

A 日式酱油比较清淡，还有昆布和柴鱼的香气在里面。

三款酱油的风味不一样，煮出来会有口味的差别。不同风味的酱油之间可以替换，但是煮出来的口味完全不一样。比如日式口味的菜，你换成酱油，会煮出中式的口味。所以你要替代也是可以的，只是不要觉得奇怪为啥煮不出异国风味咯！

Q 清酒、料酒、白料酒的区别是什么？

A 我个人喜欢用清酒，既含有一定的酒精度，烹调过后又没有酒的味道，不太影响菜的味道，这是我喜欢用的原因。

料酒的酒味很重，一些地方菜一定要用当地料酒来做才有风味。

白料酒是米酒一类的料酒，会有淡淡的酒的香气，但是不会太重，我比较喜欢。

Q 红油豆瓣酱、郫县豆瓣酱的区别是什么？

A 红油豆瓣酱是用黄豆当原料，郫县豆瓣酿是用蚕豆当原料。它们酿造的时间不一样，所呈现的香气也不一样，根据自己的菜的需求和个人喜好去选择即可。

提示 没有鲜酱油可以用生抽，再加点儿蚝油。

提示 没有日式酱油，可以用普通酱油代替，味道会稍微有偏差，但也是很好吃的。味啉可以用"米酒加糖"代替。

1 大勺 =15ml，1 勺 =10ml，1 小勺 =5ml，1 茶匙 =5ml。

10

十大经典满足

牛肉盖饭

食材

白米饭		1 碗
肥牛		200g
洋葱		适量
葱花		适量

A 组

日式酱油		2 勺
味啉		1 大勺
糖		1 勺
清酒		1 勺
水		1 大勺

洋葱　　　　肥牛

－中火

❶ 锅热，下油。洋葱炒至透明，下牛肉炒至变色。

日式酱油　味啉　清酒　水
糖

－中大火

❷ 再加入 A 组材料，中大火翻炒收汁；汤汁浓稠后，倒在饭上即可。

② 照烧猪排盖饭

食材			照烧汁		
五花肉或梅花肉		150g	蜂蜜		2 大勺
生菜		适量	日式酱油		2 大勺
煎蛋		一个	清酒		1 大勺
清酒		1 大勺	味啉		2 大勺
			水		1 大勺

提示 蜂蜜只是增加风味，没有也可以用糖代替。

五花肉

清酒

❶ 五花肉切小块，中火煎至两面金黄。

❷ 煎好后，再加 1 大勺清酒（米酒也可以），加盖焖 1 分钟。

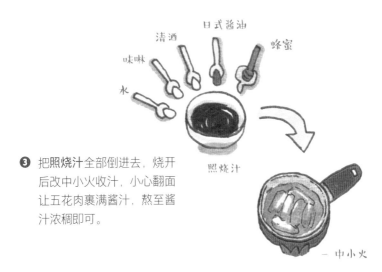

味啉　水　清酒　日式酱油　蜂蜜

照烧汁

一 中小火

❸ 把照烧汁全部倒进去，烧开后改中小火收汁，小心翻面让五花肉裹满酱汁，熬至酱汁浓稠即可。

③ 鱼香肉丝盖饭

食材

里脊肉	200g
莴笋	100g
木耳	100g

配料

泡椒	2 大勺（切碎）
郫县豆瓣酱	1 大勺
姜末	1 大勺
蒜末	1 大勺
葱花	1 大勺

A 组

盐	1 茶匙
蛋清	1 个
水	4 大勺
淀粉	2 大勺

B 组

生抽	1 大勺
糖	2.5 勺
醋	3 勺
水	1 大勺
淀粉	1 勺

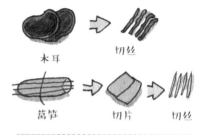

木耳 → 切丝

莴笋 → 切片 → 切丝

里脊肉　蛋清　水
盐　淀粉
A

生抽　糖　醋　水
淀粉
B

❶ 将主要食材都切成细丝，葱姜蒜切末，备用；猪肉丝加 A 组顺时针方向搅匀；B 组提前调好备用。

里脊丝

—中火

❷ 锅里多加一些油，在油六成热的时候，把里脊丝加进去，炒变色，盛出备用。

提示 多油且低油温，可以让肉丝很嫩。

❸ 锅里留一些底油，先加泡椒和郫县豆瓣酱，炒出红油再下蒜末和姜末，爆香后放莴笋丝、木耳丝、肉丝，快速翻炒一分钟。

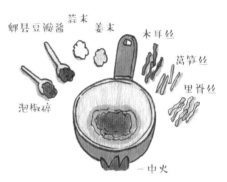

郫县豆瓣酱　蒜末　姜末　木耳丝　莴笋丝　里脊丝

泡椒碎

—中火

❹ 加入葱花和 B 组（B 组不要一股脑全部倒进去，由菜量来定），能全部裹上汁就行，大火快速翻炒均匀，马上出锅。

葱花

B 组

—大火

虾虾蛋包盖饭

食材

米饭	1碗
鲜虾	100g
研磨黑胡椒	适量
香葱	1根

A组

白料酒	1小勺
淀粉	1勺
盐	适量

B组

美乃滋	2勺
番茄酱	1大勺
蛋黄	1个

C组

鸡蛋	2个
牛奶	1大勺
椒盐	适量
油	1小勺

❶ 鲜虾去头、去壳（或直接用虾仁）、去虾线，背上划一刀，加A组抓匀，备用（先加白料酒和盐后抓匀，再加淀粉抓匀）。

❷ 把B组搅匀放一边备用；把C组搅匀放一边备用；把香葱的葱白和葱绿分别切成葱花，备用。

－小火

虾仁

葱白

－中小火

❸ 不粘锅小火烧热，加油，倒入 C 组蛋液，用筷子快速搅拌，不要翻面，等蛋液基本凝固，就马上离火，盖在饭上。

❹ 锅中加点底油，放入葱白炒香，再加入虾仁，把虾仁炒熟后关火。加提前搅拌好的 B 组，继续拌均匀即可。

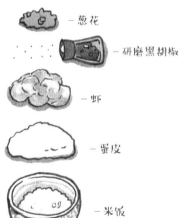

－葱花

－研磨黑胡椒

－虾

－蛋皮

－米饭

❺ 蛋皮盖在米饭上，虾仁盖在蛋皮上，再撒一些研磨黑胡椒和葱花。开吃吧！

香菇鸡肉盖饭

食材

鸡腿	2 个
姜	2 片
香菇	2 朵
芝麻油	1 勺

A 组

米酒	1 大勺
酱油	1 大勺
糖	1/2 茶匙
水	150ml

---

① 切断筋脉。　② 沿骨头，把骨和肉分离。

③ 把肉拉出来，头部有骨肉相连就再剔开。

❶ 鸡腿去骨。

鸡腿肉　香菇
姜片

—中火

❷ 芝麻油倒入锅里，烧热以后，先爆香姜片，再倒入鸡腿肉和香菇（按自己喜好切小块），翻炒到鸡肉变色。

米酒
酱油　糖　水

—中小火

❸ 加入 A 组后大火烧开，改中小火加盖煮 8 分钟，煮熟后再改大火收汁，就可以盖在饭上吃啦！（起锅前按自己口味加盐）

黑椒烤鸡腿排盖饭

食材		A 组			
鸡腿	2 个	洋葱丝	30g	米酒	1 大勺
		蒜泥	1 勺	胡椒盐	1/3 茶匙
		酱油	1 勺	黑胡椒酱	2 大勺

❶ 鸡腿去骨(步骤见 P010)。

鸡腿肉,用叉子在带鸡皮那面戳小洞

蒜泥

米酒

黑胡椒酱

胡椒盐

酱油

洋葱丝

冷藏30分钟以上

❷ 用叉子叉鸡腿肉带鸡皮那一面。将鸡肉和 A 组一起放入密封袋内抓匀,放入冰箱冷藏,最少腌 30 分钟。

烤箱版	煎锅版

- 酱汁
- 鸡排
- 锡纸上涂油并垫上洋葱丝

❸ 锡纸底部刷点油，再垫上洋葱丝，把鸡腿带皮一面向上放入，把多余的汤汁均匀地淋在鸡皮上。

❸ 锅里加一点点油，腌制好的鸡腿肉捞出来（酱汁要沥干，不然容易焦掉），带鸡皮一面向下放入煎，加盖，两面一共煎 6~8 分钟，中途自己翻面，把鸡肉煎熟。

- 剩余酱汁

❹ 烤箱预热至 200℃，上下火，烤 30 分钟。

❹ 把多余的汤汁和洋葱倒进去，转中小火收汁，要翻面，让两面都裹满汁。

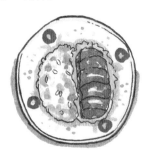

把 A 组中的黑胡椒酱换成番茄酱，
那么就是**番茄烤鸡腿排盖饭**啦！

番茄肉酱意面

食材

意面	200g	洋葱	半个	小番茄	适量
猪肉末	250g	番茄酱	1大勺	芝士粉	适量
番茄	2个	研磨黑胡椒	15转		
虾仁	15~20颗	盐	1茶匙		

洋葱　　　　　切片

番茄　　　　　切丁

❶ 洋葱切薄片；番茄洗净去皮，全部切小丁。

❷ 锅大火烧热后加油，下洋葱炒香后，再加入猪肉末炒到变色，加番茄炒出水。

❸ 番茄炒出水后，加盐、黑胡椒和番茄酱，翻炒均匀。

❹ 调味都炒均匀后，把料拨到两边，把意大利面放在中间，加水，完全淹没面条。加盖，大火烧开以后，改中火煮 8 分钟。（中间可以拨动一下面条）

意大利面

中火

~~~~~~

通心粉版

❹ 如果用的是圆形的锅煮通心粉，就把料拨到锅边一圈，通心粉放中间，加水，完全淹没面条。加盖，大火烧开以后，改中火煮 8 分钟（中间可以拨动一下），也可以根据通心粉包装袋上的时间来煮，每个牌子的通心粉略有不同。

通心粉

中火

虾仁　　　小番茄

－中火

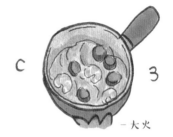

－大火

❺ 8 分钟后，把虾仁和小番茄放进去，再加盖煮 2 分钟。

❻ 2 分钟后，开盖，继续大火翻炒，炒到汤汁浓郁，撒芝士粉就可以吃啦！

这样煮好后的面条比较有嚼劲儿，若喜欢再烂一点儿，可以关火后加盖焖 10 分钟。我喜欢有嚼劲儿的。

⑧ 快手肉末咖喱饭

食材

肉末 200g
想吃什么肉，都可以

洋葱 🧅 1/3 个

咖喱块 4 块

① 锅热加点油，将肉末用小火慢慢炒至变色，加入洋葱炒香，把洋葱炒透明后，再加水没过肉末。

② 大火煮开后，撇掉浮沫，加入咖喱块，改小火，把咖喱块煮融化就可以啦！

 这个食谱中的分量够两个人吃。在《粗糙食堂2：一个人的幸福餐》中，我介绍过肉末的保存方法：可以按照一份200g（或100g）左右放在保鲜袋中压平冷冻，方便每次解冻后使用。

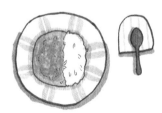

9 麻婆茄子盖饭

食材			A 组	
茄子	2 根	水淀粉	2 勺	酱油	1 勺
猪肉末	100g	花椒粉	适量	白料酒	1 勺
蒜末	3 瓣	葱花	适量	糖	1 茶匙
郫县豆瓣酱	2 勺			水	1 小碗

提示　郫县豆瓣酱本身就是咸的，一般不需要再加盐。如果口味比较重的可以根据自己口味调整。

❶ 茄子洗净，切条（切块切条都可以，看你喜欢），取一煎锅，加一层薄薄的油后煎茄子。茄子切面向下，中小火煎 3~4 分钟，盛出来放在厨房用纸上吸下油，备用。

茄子切条

一中小火

❷ 平底锅内倒入少许油，油热后下猪肉末炒熟，再放豆瓣酱和蒜末，炒出红油，加 A 组后煮开。

郫县豆瓣酱　白料酒　糖

蒜末　水

猪肉末　酱油

一中火

茹子条

水淀粉

C 3

一中火转大火

❸ 煮开后倒入茄子条，煮 2~3 分钟，大火收汁，汤汁差不多收干的时候加水淀粉勾芡，搅匀出锅！

装盘后，撒上花椒粉和葱花，喜欢吃辣的也可以撒些辣椒面。

10 腊肠煲仔饭

食材		酱汁			盐	1/4 茶匙
大米	1~2 杯	水	4 勺		糖	1/2 茶匙
腊肠	2~3 根	鲜酱油	2 勺			
		老抽	1 勺			

老抽 盐 凉水
糖
鲜酱油
— 小火

❶ 把酱汁的材料倒入锅里，小火烧开后关火，备用。

— 大火
改小火

❷ 米和水的比例 1：1.5，加几滴油，加盖煮开后，转小火煮到蜂窝状，5~7 分钟左右。

一般 1 杯大米就是一碗米饭的量，具体按自己的饭量去衡量。腊肠能把米饭表面铺满就可以了。煲仔饭酱汁根据自己喜好加，口重多加点儿，口轻少加点儿。

❸ 米饭煮成蜂窝状以后，就码上腊肠片（提前切片），继续加盖，小火煮 10~12 分钟。

提示 腊肠在焖的过程中会出油，所以我没有加什么油，一样是能煮出好锅巴的。担心的可以沿着边沿再来一勺油。

一小火

❹ 关火，吃前加酱汁拌匀！

酱汁

如何做出百搭配菜

做一碗好吃的饭，吃的时候也要有一点儿仪式感。将煮好的饭菜装在漂亮的碗碟里，就可以让一餐饭更加吸引人，这时往桌前一坐，特别有满足感！做饭给辛劳的自己，自然要让吃饭时的心情和吃到的味道都是美滋滋的。

为了让每一餐吃得更满足，我会做一些简单的快手配菜。在《粗糙食堂 2：一个人的幸福餐》中，我介绍过百搭凉拌菜的做法，这里我要介绍三道用鸡蛋做的配菜，也非常好吃哟！

鸡蛋沙拉

食材

鸡蛋	1 个	白洋葱	1/8 个
沙拉酱	1 大勺	黑胡椒	适量
盐	1/4 茶匙		

❶ 鸡蛋冷水入锅，中大火煮 10 分钟，捞出过凉水，放凉后去壳。

❷ 把蛋按碎后加洋葱碎、沙拉酱、盐、黑胡椒，全部搅匀。

啤酒卤蛋

食材	A 组		
鸡蛋 8~10 个	八角	2 颗	干辣椒 2 个
啤酒 1 罐	香叶	2 片	根据个人口味增减
推荐哈尔滨小麦王	桂皮	1 根	生抽 3 勺
	糖	2 茶匙	老抽 2 勺

❶ 按 P029 步骤 ❶ 煮熟鸡蛋。

❷ 另起一锅，放入煮熟去壳的鸡蛋，加入 A 组调料和啤酒，大火烧开。

－大火

－中小火

❸ 烧开后，转中小火加盖煮 30 分钟，中间记得翻翻面，让鸡蛋着色更均匀。

卤好的鸡蛋在汤汁中浸泡一夜，会更入味哦！

一大堆口味的煎蛋

首先你必须拥有鸡蛋

鸡蛋   3 个（爱吃几个就煎几个）

想吃什么口味就选以下什么口味的酱汁

糖醋口味

酱油	2 勺	糖	3 勺	
醋	2 勺	水	2 大勺	

红烧口味

生抽	2 勺	糖	1/2 茶匙	
老抽	1 小勺	水	3 大勺	
料酒	1 小勺			

沙茶口味

沙茶酱	1 勺	糖	2/3 茶匙	
酱油	1 勺	水	3 大勺	

照烧口味

日式酱油	2 勺	蜂蜜	2 勺	
味啉	2 勺	水	1 大勺	
清酒	2 勺			

提示 把酱汁按比例调好，煮开后尝一下，按自己口味微调，
喜甜加糖，喜酸加醋。

❶ 把选好口味的酱汁，先在碗里搅匀备用，比如把糖醋口味酱汁搅匀备用。（也可以直接在第 ❸ 步按比例加入酱汁）

鸡蛋

中大火 —

❷ 平底锅中大火热油，打入鸡蛋，煎至边缘微焦后翻面，两面煎金黄，盛出备用。

提示 煎蛋时我喜欢火大一点儿煎，煎到蛋白边缘有点儿焦脆，蛋黄又还没有完全凝固时最香！

酱汁

一 大火

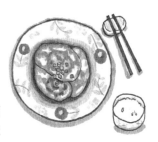

❸ 最后一个荷包蛋留在锅里，把煎好的荷
包蛋放入锅中，倒入调好的酱汁，大火
收汁，中途给蛋翻几次面，让蛋蛋充分
裹上酱汁，起锅前撒上葱花即可。

鱼香肉丝盖饭 P006

虾虾蛋包盖饭 P008

盖饭，一碗满足

蒜苔炒肉末盖饭

食材				腌料组		
蒜苔	250g	蒜	2 瓣（切末）	料酒		1 小勺
猪肉末	120g	盐	适量	生抽		1 小勺
豆豉	1 大勺（切末）	糖	适量	糖		1 茶匙
小米椒	2 个（切碎）					

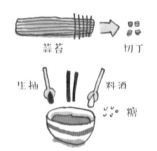

❶ 蒜苔洗净，切掉老梗和花，切成0.5~1厘米左右的小丁。猪肉末加腌料组搅匀，腌制10 分钟。

❷ 锅内油热，加入猪肉末快速炒散，炒至肉末变色后，中大火耐心把肉末的水分炒干，炒到有点焦黄，再把肉末拨到一边。

❸ 下蒜末和豆豉末炒香后，再加入蒜苔丁、米椒碎（不吃辣的可不放）翻炒 3 分钟。尝一下咸淡，加盐和糖调味，继续翻炒 1 分钟，炒均匀就好啦。

我喜欢把肉炒成油渣那种香脆的状态。注意在第❷步炒肉时，炒到焦黄就可以，因为后面还要炒4分钟的蒜苔，肉会继续变干。

糖醋肉盖饭

食材		A 组		B 组	
梅花肉	130g	米酒	1 勺	蒜泥	1 瓣
生菜	2 片	盐	1/4 茶匙	糖	1 勺
		淀粉	1 大勺	醋	1 勺
				酱油	1 勺
				水	1 大勺

❶ 梅花肉切成厚 0.5 厘米左右的条。切好的肉加 A 组腌制一下。

吸干多余的油
吸油纸

❷ 锅烧热加一点点油，先中火煎熟，煎到自己喜欢的程度，喜欢焦的就煎久一点儿，喜欢嫩的就煎到刚刚熟就好了。肉煎熟以后用厨房用纸吸掉多余的油。不知道熟没有？试吃一下嘛。

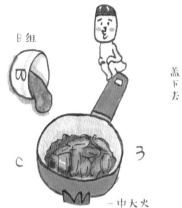

❸ 把B组提前搅匀后倒入锅中，中大火不停地翻炒，给肉翻面，让肉裹满汤汁就可以啦!

❹ 米饭上铺上生菜丝（切丝比较文雅），然后再把肉盖上去，美观又美味! 最后撒点芝麻或者葱花，完美!

这道菜我推荐用梅花肉，全瘦的我觉得太柴了，梅花肉比较好吃。喜欢肥一点儿的，可以用精品五花肉。当然，喜欢全瘦的也可以。

青椒肉丝盖饭

食材			A 组			B 组		
里脊肉		100g	鲜酱油		2 茶匙	鲜酱油		1 大勺
青椒		1 个	米酒		1 茶匙	糖		1/3 茶匙
蒜		1 瓣（切末）	淀粉		1 勺	水		3 大勺
			水		1 勺			

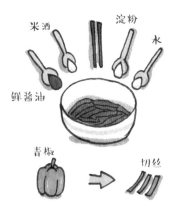

❶ 里脊肉切丝，加 A 组抓匀；青椒切丝。

❷ 锅内倒一点儿底油，爆香蒜末后下肉丝，用中火翻炒至变色后，加青椒丝，翻炒均匀。

❸ 最后加入 B 组，中大火翻炒到收汁就可以啦！

番茄午餐肉盖饭

食材

| 番茄 🍅 2 个 (约 300g) | 红油豆瓣酱 🥄 1 小勺 | 糖 🥄 | 1 大勺 |
| 午餐肉 🟧 8g | 洋葱 🧅 50g | 水 🥣 | 小半碗 |

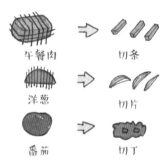

❶ 午餐肉切成条，或者自己喜欢的形状；洋葱切薄片；番茄洗净去皮，全部切小丁。

❷ 锅里刷一层底油就可以，煎午餐肉，中小火，煎到四面焦脆。

❸ 加入洋葱和番茄，加红油豆瓣酱、糖和水，中大火煮开。

❹ 煮开后，改中小火，再加盖煮 8 分钟，就可以吃啦！

午餐肉本身比较咸，所以我没有再加盐，咸淡可以根据自己口味调整。

碎肉煎蛋盖饭

食材			A 组		
猪肉末		80g	料酒		1 勺
榨菜		30g	鲜酱油		1 小勺
鸡蛋		2 个	淀粉		1 勺
香葱		1 根			

榨菜洗掉盐分后切碎

鸡蛋

淀粉

料酒

鲜酱油

❶ 榨菜先洗干净，把盐分洗掉，切末备用；猪肉末
加 A 组，抓匀备用；鸡蛋液打匀，备用。

肉末

葱白

榨菜末

小火

❷ 锅里加一些油，开小火，加肉末，油没热就可以加肉末进去炒，不然比较难炒散，炒散后加入葱白和榨菜末，炒 2 分钟。

葱花

中小火

❸ 把肉末拨开一些，不要太集中，倒入蛋液煎，撒上葱花。一面煎得快凝固以后，翻面继续煎，蛋煎熟就可以了。

我喜欢吃焦一点儿的，所以会煎得久一点儿。
翻面的话，不擅长的朋友，就只能自求多福了。

鱼香牛肉盖饭

食材

牛里脊 200g
芦笋 100g
水淀粉 1 大勺

配料

泡椒 1 大勺（切碎）
郫县豆瓣酱 1 勺
蒜 4 瓣（切末）
姜 3 片（切末）
香葱 2 根

A 组

盐 1/3 茶匙
生抽 1 大勺
糖 2.5 勺
醋 3 勺
水 1 大勺

B 组

料酒 2 勺
酱油 2 勺
淀粉 2 勺

❶ 牛肉切薄片加 B 组（除了淀粉）抓匀腌制 15 分钟。炒之前再加淀粉抓匀。

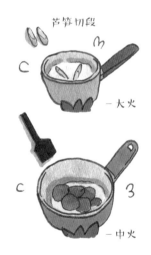

❷ 芦笋去根切段，烫熟备用；把牛肉用油滑熟，就是火不要太大，油要多一点儿，炒熟备用。

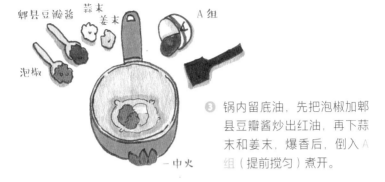

郫县豆瓣酱　蒜末　姜末　A组

泡椒

—中火

❸ 锅内留底油，先把泡椒加郫县豆瓣酱炒出红油，再下蒜末和姜末，爆香后，倒入A组（提前搅匀）煮开。

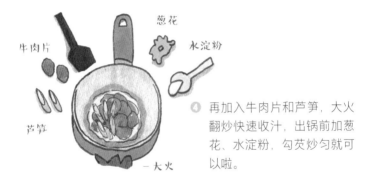

葱花

水淀粉

牛肉片

芦笋

—大火

❹ 再加入牛肉片和芦笋，大火翻炒快速收汁，出锅前加葱花、水淀粉，勾芡炒匀就可以啦。

红烩肥牛蛋包饭

食材		蛋皮组	
白米饭	1 大碗	鸡蛋	2 个
肥牛	200g	牛奶	1 大勺
金针菇	50g	胡椒盐	适量
好侍番茄红烩调料	1~2 块	油	1 小勺

肥牛　　　　金针菇

❶ 锅烧热，不粘锅可以不倒油（普通锅加一点点），中火炒肥牛。肥牛会出油，出油以后再加金针菇炒一下，肥牛炒到变色。（其他自己喜欢的菇都可以放）

— 中火

❷ 加小半碗水，煮开后，加盖煮3 分钟。（别的菇适当调整煮的时间）

— 中大火

❸ 加 1~2 块番茄红烩调料，改小火煮，不停地搅拌，拌匀就可以吃了。（这个调料块看自己口味，我觉得要两块才够味）

一小火

油　　鸡蛋　　胡椒盐　　牛奶　milk

❹ 将蛋皮组搅匀，不粘锅烧热，加油，小火，倒入蛋液，用筷子快速搅拌，不要翻面，等蛋液基本凝固，就马上离火，盖在饭上，最后浇上煮好的肥牛就好啦！

一小火

照烧肥牛盖饭

食材		照烧汁			
肥牛	250g	蜂蜜	2 大勺	味淋	2 大勺
白芝麻	适量	日式酱油	2 大勺	水	1 大勺
葱花	适量	清酒	1 大勺		

肥牛

－中火

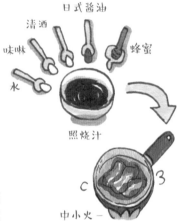

日式酱油

清酒

味淋

水

蜂蜜

照烧汁

中小火 －

① 锅烧热，不粘锅可以不倒油
（普通锅加一点点），中火
把肥牛卷煎至两面金黄，煎
好后，如果油很多，用吸油
纸吸掉一点儿。

② 把照烧汁全部倒进去，烧开
后不停翻炒，让肉裹满酱汁，
熬至酱汁浓稠即可。

鸡肉茄子盖饭

❶ 鸡腿去骨（步骤见 P010）。

❷ 锅里烧热，加油继续烧热，爆香葱段和蒜后，把鸡肉（去骨切小块）和茄子（切小块）一起煎。把鸡肉煎到变色后，和茄子一起翻炒均匀。

❸ 倒入 A 组，大火烧开后，改中小火煮 6 分钟。

水淀粉

大火

❹ 烧 6 分钟后，改大火一直翻炒到
汤汁浓稠。快起锅前，倒入水淀粉，
勾芡炒匀就可以盖在饭上吃啦！

芦笋炒鸡肉盖饭

食材		A 组		B 组	
鸡腿	2 个	白料酒	1 勺	蚝油	1 勺
芦笋	15 根	鲜酱油	1 小勺	白料酒	1 勺
蒜	3 瓣（切末）	糖	1/2 茶匙	糖	1/2 茶匙
		玉米淀粉	2 大勺	盐	1/2 茶匙

鸡腿肉　白料酒　鲜酱油　糖　玉米淀粉
切片

芦笋去皮切段　盐　油
— 大火

❶ 鸡腿去骨（步骤见 P010），
　 鸡腿肉切片，加 A 组抓匀。

❷ 芦笋洗净，削掉根茎的老皮，
　 斜切成长段；烧一小锅水，
　 水开后加点盐和油，后下芦
　 笋煮 1 分钟，捞出沥干水分，
　 冲冷水降温一下。

芦笋　蚝油　白料酒　蒜末　糖　盐　鸡肉
— 大火

❸ 平底锅内倒油，爆香蒜末后
　 下鸡肉块大火翻炒至变色，
　 倒入芦笋和 B 组，大火翻炒
　 均匀就好了。

芦笋处理是把根部粗糙部分去掉，但是没啥标准，主要是看芦笋粗糙外皮到底有多少，市面上也有很多卖家会帮忙处理掉根部，要随机应变。总之是切掉根部过老的部分。

辣味番茄虾盖饭

食材

鲜虾	18 只
或虾仁约 200g	
鸡蛋	1 个

A 组

白料酒	1 小勺
淀粉	1 勺

B 组

番茄	2 个
约 300g	
蒜	2 瓣（切末）
糖	1 大勺
芝麻油	1 勺
红油豆瓣酱	1 小勺
盐	1/2 茶匙

❶ 虾去头、去壳、去虾线，用清水洗净，用厨房用纸吸干水分。虾仁加 A 组抓匀。

❷ 平底锅内倒油，油热后放入虾仁，用中火翻炒至变色后盛出备用。（也可以不炒，把虾仁直接烫熟，看个人喜好）

❸ 番茄洗净去皮，一个切丁，一个切更小的丁，然后和 B 组食材一起放入平底锅。中大火煮开后加盖煮 5 分钟，再开盖煮到番茄变浓稠了，倒入煎过的虾仁翻炒均匀。

蛋液

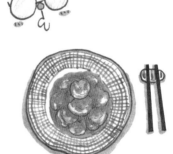

④ 一边搅拌一边倒入打好的蛋液，搅拌蛋液至半熟状态，就可以出锅吃啦！

蒜香菇菇虾盖饭

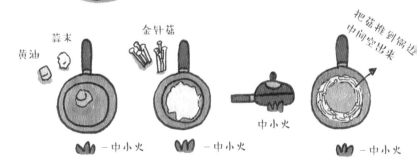

食材				A 组		
鲜虾	15 只	蒜	5 瓣(切末)	料酒		1 勺
尽量大只一点		胡椒盐	1/2 茶匙	淀粉		1 勺
金针菇	半包	罗勒碎	适量			
黄油	25g	也可用葱花代替				

提示 胡椒盐等于黑胡椒或白胡椒加盐;不喜欢黄油味道的,可以直接用普通的油,会做出大排档的味道!

虾仁　淀粉　料酒

❶ 鲜虾去头、去壳、去虾线,背上划一刀,虾仁加 A 组抓匀备用。

黄油　蒜末　金针菇　把菇推到锅边中间空出来

—中小火　—中小火　中小火　—中小火

❷ 平底锅中小火融化黄油,放入蒜末炒香,再放金针菇,翻炒一下,加盖焖 1 分钟后,拨到锅子周围,把中间留出来煎虾仁。

胡椒盐
罗勒或葱末
虾仁
中火

❸ 铺上虾仁，加盖焖1分钟，翻面，再加盖中火焖1分钟，起锅前撒上胡椒盐和罗勒碎（或香葱末），翻炒均匀关火，出锅。

麻婆虾仁盖饭

食材

虾仁 🍤 200g

猪肉末 🥣 100g

蒜 🧄 3瓣（切末）

郫县豆瓣酱 🥄 2勺

水淀粉 🥄 2勺

A 组

鲜酱油 🧂 1/2 茶匙

料酒 🥄 1 茶匙

淀粉 🥄 1 勺

B 组

料酒 🥄 1 勺

淀粉 🥄 1 勺

C 组

料酒 🥄 1 勺

鲜酱油 🧂 1 勺

水 🥛 3 大勺

糖 🍬 1 茶匙

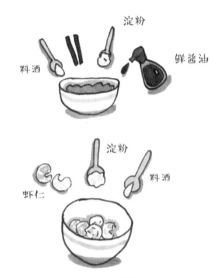

① 猪肉末加 A 组抓匀；鲜虾去头、去壳、去虾线，背上划一刀，虾仁加 B 组抓匀待用。

② 平底锅内倒油，油热后放入虾仁，用中火翻炒至变色后，盛出备用。（也可以直接烫熟，看个人喜好）

郫县豆瓣酱

蒜末

猪肉末

C

3

—中火

❸ 锅烧热，加油，油烧热后加猪肉末炒散，炒变色后，加郫县豆瓣酱和蒜末，慢慢炒出红油。

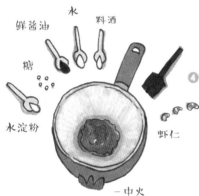

鲜酱油

水

料酒

糖

水淀粉

虾仁

—中火

❹ 再加入 C 组煮开后，加入虾仁翻炒均匀，加水淀粉勾芡，就可以出锅啦！

如果吃辣，就自己加一些辣椒面。郫县豆瓣酱本身就很咸了，不需要再加盐，也可以根据自己口味调整。

照烧龙利鱼盖饭

食材

龙利鱼		1 片
料酒		1 勺
玉米淀粉		适量
姜		2 片
水		小半碗

照烧汁

味啉		2 勺
日式酱油		2 勺
清酒		2 勺
蜂蜜		2 勺

切两半

或切条

料酒　姜片

腌制

❶ 龙利鱼切条或者切两半，我选择切条，加料酒和姜片腌制 5 分钟。

姜片

龙利鱼

玉米淀粉

—中火

❷ 腌制好的龙利鱼，用厨房用纸吸一下表面水分，裹一层玉米淀粉。平底锅内倒油，油热后爆香姜片，下龙利鱼煎至表面金黄。

清酒　日式酱油　蜂蜜

味啉

❸ 将照烧汁提前在碗里搅匀，倒入锅内，中小火收汁，小心翻面让龙利鱼裹满酱汁，熬至酱汁浓稠就可以啦。

—中小火

出锅，撒上白芝麻～

鱼香豆腐盖饭

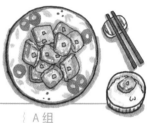

食材		配料		A 组	
北豆腐	1 块	泡椒	1 大勺(切碎)	盐	1/3 茶匙
水淀粉	1 大勺	郫县豆瓣酱	1 勺	生抽	1 大勺
		蒜	4 瓣(切末)	糖	2.5 勺
		姜	3 片(切末)	醋	3 勺
		香葱	2 根(切碎)	水	1 大勺

北豆腐切片

吸干水分

—中火

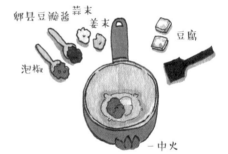

郫县豆瓣酱　蒜末
姜末
泡椒
豆腐

—中火

❶ 北豆腐切片,吸干水分,下锅煎至两面金黄,盛出备用。

❷ 锅内留底油,先放泡椒和郫县豆瓣酱,炒出红油,再下蒜末和姜末爆香,最后放入豆腐,稍微翻炒一下。

葱花

水淀粉

A 组

一中小火

❸ 倒入提前搅匀的 A 组，煮开后小心翻面使之更入味，中小火煮到快收汁，先加葱花再加水淀粉勾芡即可。

如何煮出一碗好吃的米饭

米饭是我最常吃的主食。在《粗糙食堂 2:一个人的幸福餐》中,特别
介绍过煮米饭的方法,这里再次聊聊煮米饭这件事。

选好米

市面上大米的牌子很多。我们在选米时要注意选饱满、大小均匀、
半透明,并且纹路没有破裂的米。如果米的颜色过白,说明米本身
没有完全成熟,要半透明状的哦!

存放米

米要装在干净的保鲜盒或者保鲜袋里,放在阴暗、干燥、低温的地方。
米不宜一次购买太多,因为在室温保存的情况下,一般夏天可以保存
1 个月,冬天 2 个月。如果是真空包装,在还没开封的情况下可以保存
5 个月,开封以后就开始倒计时啦! 购买的时候,自己要看清楚包装上
的保质期。

煮米

洗米要轻抓轻淘，洗去表面的米糠和杂质。洗到水不浑浊就可以了。

洗完米，最好浸泡 30 分钟。

水与米的比例，电饭煲 1：1.2，电高压锅 1：1。按我个人使用情况来说，电高压锅锁水效果好，但电饭煲煮的时候会跑水蒸气，也是 1：1 的话米会太硬。按下煮饭键前，可以加几滴油，加椰子油很不错哦。米饭煮好后，可以让米在锅内继续焖 10 分钟再打开。

我经常一个人吃饭，所以我买了一个迷你的电饭煲。如果用大的电饭煲煮一个人的饭量，锅子太大米太少，米饭就容易特别硬。我一般一次吃一碗饭，但是常常一次煮 2 碗的量，这样留一碗隔夜饭，第二天可以做炒饭吃（P097 那章专门介绍炒饭），一个人吃饭这样做很方便。

碎肉煎蛋盖饭 P044

鱼香牛肉盖饭 P046

红烩肥牛蛋包饭 P048

麻婆虾仁盖饭 P060

粉、面，一碗满足

咖喱海陆拌面

食材				
鸡腿	1个	咖喱块	2块
挂面	100g	虾仁	10颗	水	300ml

鸡腿肉 水

❶ 锅烧热，加一点儿油，把鸡肉翻炒变色，加300ml水大火煮开。煮开后改中火，加盖煮5分钟，把鸡肉煮熟。

咖喱块

❷ 先关火，再加入咖喱块，不停地搅拌，把咖喱块搅拌融化后，开大火把汤汁煮浓稠。快起锅前，放入虾仁搅拌均匀就可以啦！

虾仁 挂面

❸ 第❶步煮鸡肉的时候，就可以烧一锅水准备煮面条，水开以后，可以先烫虾仁（或者别的海鲜），再煮面条。

❹ 面条煮熟后沥干水分，捞出来放到碗里，淋上煮好的咖喱汁就可以啦！

泰式凉拌海鲜粉

食材				A 组	
干河粉	80g	小番茄	8 个	柠檬汁	3 大勺
鱿鱼	100g	蒜 3 瓣(切末)		鱼露	2 大勺
虾仁	8 颗	香菜 适量(切碎)		泰式甜辣酱	3 大勺
文蛤	10 颗	辣椒 适量(切碎)		糖	2 茶匙

❶ 河粉煮好，最好泡到冰水里，河粉我用干的，用其他米粉或粉丝都行，看自己喜好。煮河粉的方法可以看河粉包装袋上的说明。

❷ 海鲜都洗干净，并且按自己喜好切好，分别用开水烫熟。（若不嫌麻烦，可以用冰水过一下，会更脆爽）

❸ 在熟河粉（沥干水分）中加烫熟的海鲜、小番茄、蒜末、香菜、辣椒和 A 组，搅拌均匀就可以吃了。

海鲜选自己喜欢的就行。这是一道准备时间长，但是做起来只要5分钟的菜！咸味是靠鱼露，不够咸可以继续加鱼露。柠檬汁的用量，完全看自己喜好。

醋溜虾仁肉末凉面

食材		A组		C组	
虾仁	8 颗	盐	一点点	酱油	2 茶匙
猪肉末	50g	米酒	1/2 茶匙	醋	1 大勺
韭菜	2 根	淀粉	1 茶匙	米酒	1 茶匙
花椒	5 颗	B组		水	2 大勺
香葱	1 根	料酒	1/2 茶匙	糖	1/2 茶匙
挂面	100g	鲜酱油	1/2 茶匙	盐	适量
		淀粉	1 茶匙		

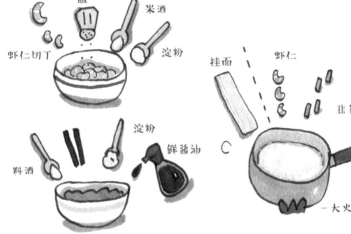

❶ 虾仁切丁先加A组的盐和米酒抓匀，再加A组的淀粉抓匀；猪肉末加B组抓匀；韭菜切段（不喜欢的可以不加）；香葱切段。

❷ 烧开水，煮面条，面条熟了以后捞起来，放到冰水里先泡着。然后烫一下韭菜和虾仁，盛出来备用。

猪肉末

花椒

—小火

米酒　水　酱油　醋　虾仁

韭菜段

香葱段

糖

盐

—中大火

❸ 锅烧热加油，先爆香花椒，再把花椒捞出来后，加入猪肉末炒到变色，变色后再多炒 2 分钟。

❹ 再把 C 组倒入锅中，煮开后加入虾仁、韭菜段、香葱段，炒匀后马上关火。起锅前自己尝一尝，按自己口味加盐。等汤汁稍微放凉一下再盖在面上。（记得从凉水里把面捞出来）

大盘鸡焖面

食材		A 组		B 组	
三黄鸡	1 只（切块）	干辣椒	8 个	豆瓣酱	20g
鲜面条	200g	大蒜	5 瓣	糖	20g
洋葱	半个	花椒	10 颗	鲜酱油	35g
胡萝卜	1 根	八角	1 颗		
土豆	2 个	桂皮	1 块		
青椒	2 个	香叶	1 片		
啤酒	1 听				
不喜欢啤酒可换成水					

❶ 锅烧热后加油，下 A 组爆香后，捞出花椒（懒得捞也
可以不捞），倒入鸡块翻炒到鸡肉全部变色。

鲜酱油　豆瓣酱　糖　啤酒

C

— 大火转中小火

❷ 倒入 B 组翻炒均匀后，倒入一听啤酒（不喜欢啤酒可换成水，完全淹没鸡肉，不够可以加水或者继续加啤酒），煮开后改中小火，加盖煮 15~20 分钟（时间根据鸡的老嫩调整）。

洋葱　胡萝卜　土豆

3

C

— 小火

❸ 鸡肉烧软后，加入土豆、洋葱、胡萝卜，先翻炒均匀，再把它们都放入汤里。

鲜面条

一小火

❹ 把面铺上去，要鲜面条哦，且均匀地铺上去。盖上盖，焖 10 分钟，中途多次把汤汁淋到面上去。

青椒

❺ 最后加入青椒，再耐心地翻炒均匀，就可以啦！

沙茶肉肉拌面

食材		A 组		B 组	
挂面	100g	米酒	1 大勺	沙茶酱	1 大勺
五花肉	150g	淀粉	1 大勺	鲜酱油	1 勺
小黄瓜	1 根	鲜酱油	1 勺	米酒	1 勺
香葱	2 根			水	3 大勺
				糖	1/2 茶匙

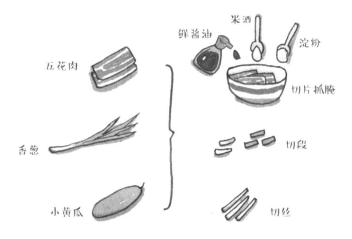

❶ 五花肉片加 A 组抓腌一下；香葱切段，黄瓜切丝。

五花肉　面条

—大火

沙茶酱　米酒　水
鲜酱油
葱白
糖

—中火

❷ 烧一小锅水，把五花肉烫熟，捞起来备用；然后烫面条，面条不要烫得太烂，等下炒肉片的时候，余温会让面更熟。

❸ 锅烧热加油，先爆香葱白，再把 B 组加进去烧开。

葱段

五花肉

黄瓜丝

❹ 酱汁烧开后加烫好的猪肉片，翻炒均匀，稍微收下汤汁，起锅前加入葱段，翻炒均匀出锅咯！

❺ 面上淋上炒好的沙茶酱肉片和黄瓜丝，就可以拌来吃啦！

榨菜肉丝盖浇面

食材		A 组		B 组	
挂面	适量	鲜酱油	2 茶匙	鲜酱油	1 茶匙
里脊肉	100g	米酒	1 茶匙	糖	1/3 茶匙
榨菜丝	80g	淀粉	1 勺	水	3 大勺
蒜末	1 瓣	水	1 勺		

❶ 里脊肉切丝加 A 组抓匀。

❷ 锅内倒一点底油，爆香蒜末后下里脊丝，用中火翻炒至变色后，加榨菜丝，翻炒均匀。

❸ 加入 B 组中小火炒 2 分钟，出锅，浇到煮熟的面条上就可以啦！

茄茄肉末盖浇面

食材		A 组		B 组	
鲜面条	适量	料酒	1 勺	番茄酱	1 勺
茄子	1 根	鲜酱油	1 小勺	鲜酱油	1 大勺
番茄	1 个	淀粉	1 勺	糖	1 小勺
猪肉末	150g				
蒜	3 瓣				
盐	适量				

番茄去皮　切丁

茄子去皮　切丁

料酒　淀粉　鲜酱油

猪肉末　蒜末

番茄丁　茄子丁

中火

❶ 番茄去皮，一半切小丁，一半切更小的丁；茄子去皮去头，切丁（或者切薄片）；猪肉末加 A 组搅拌均匀。

❷ 锅内倒少许油，油热后爆香蒜末，下猪肉末炒至变色，加入番茄丁炒软，再加茄子丁，稍微翻炒均匀。

鲜酱油 糖 盐

番茄酱

C

3 水

大火 → 中大火

❸ 加 B 组和一小碗水（快淹没食材就可以了），大火煮开，改中大火加盖炖 4 分钟，再改大火开盖炖 3~4 分钟至汤汁浓稠，起锅前按自己口味加盐就好啦。可以咸一点儿，要拌面嘛！（事先把面放在开水中煮熟，这时候可以去捞面了，浇在面上，开吃！）

喜欢青椒的，可以在起锅前加一些青椒，翻炒均匀就好了。不喜欢吃猪肉的可以不加，或者换成鸡肉也不错。

韩式酸辣牛肉拌面

食材		A 组			
挂面	100g	韩式辣酱	2 勺	白醋	1 小勺
肥牛片	150g	芝麻油	1 大勺	酱油	2 小勺
黄瓜丝	适量	味淋	2 小勺	白芝麻	适量
泡菜	适量	糖	1 茶匙		

黄瓜刨丝

白芝麻　味淋　糖　韩式辣酱

芝麻油　白醋　酱油

煎肥牛

❶ 黄瓜刨成丝；把 A 组拌匀备用；肥牛煎熟（煎的时候加一点味淋和酱油，翻炒一下）备用。

挂面

❷ 烧一小锅热水，把面烫熟，捞到碗里备用。

A 组酱汁

泡菜

黄瓜丝

肥牛片

❸ 把肥牛片、黄瓜丝、泡菜码在面上，淋上拌匀的 A 组，吃的时候拌匀就可以了。

沙茶牛肉盖浇河粉

食材

河粉		适量
牛里脊		120g
豆芽		适量
香葱		2根（切段）
水淀粉		1勺
沙茶酱		1勺
糖		1茶匙
老抽		适量

A组

沙茶酱		1勺
料酒		1勺
生抽		1茶匙
盐		1/3茶匙
油		1大勺
糖		1茶匙
淀粉		适量

提示 如果河粉是从市场买回来的，基本是湿的、熟的，就直接炒；如果买的是干的，根据包装说明煮。

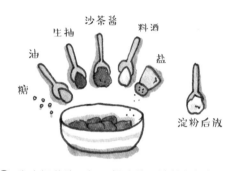

❶ 牛肉切薄片，加A组（除了淀粉）抓匀腌制15分钟，在炒之前再加淀粉抓匀。

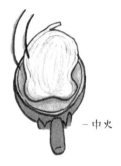

❷ 河粉加老抽拌匀，锅里加一点油，把河粉炒软了再装盘。不需要调味，因为等下要盖浇呀！

牛肉片

一大火

沙茶酱

豆芽

糖

一中大火

❸ 锅烧热后加油，把牛肉炒到半熟就捞出来（带点血的模样）备用。

❹ 锅里留点底油，炒豆芽（也可以用芥兰、大葱或者青椒，按自己喜好更换）。豆芽炒成脆的还是软的，根据自己的喜好。然后加一点儿水，水量就是你要盖浇河粉的量，豆芽会出水，所以可以少加一点儿水。在汤里加入沙茶酱、糖煮开搅匀。

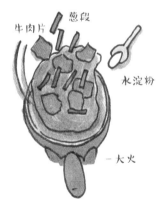

葱段

牛肉片

水淀粉

一大火

❺ 加入葱段。牛肉片炒匀后，勾芡，再次炒匀，就马上出锅，盖浇！

沙拉乌冬凉面

食材

乌冬面 1包　玉米罐头 1大勺

虾仁 100g　丘比焙煎芝麻酱 适量

黄瓜 小半根（切丝）

① 烧一锅水，把乌冬面煮熟，煮熟后捞出过凉水，沥干水分备用。

② 继续把虾仁烫熟，沥干水分备用。

丘比焙煎芝麻酱

虾仁

黄瓜丝

玉米粒

③ 把食材码在面条上，淋上焙煎芝麻酱，拌匀就可以吃啦！

配料可以按自己的喜好选择

肥牛（熟）　　鸡肉（熟）　　蟹柳

火腿肠　　青口贝（熟）　　小番茄

快手油泼面

食材

鲜面条 200g

鲜酱油 1勺

蒸鱼豉汁 1大勺

蒜 3瓣(切末)

香葱 1根(切末)

辣椒面 1勺

油 1大勺

面

— 大火

❶ 锅烧开水，把你要吃的面条煮熟，捞到碗里备用。

辣椒面
葱花
蒜末

鲜酱油

蒸鱼豉汁

油

❷ 把鲜酱油和蒸鱼豉汁淋在面上，再在面的表面码上蒜末、葱花和辣椒面。

❸ 油烧热，淋在辣椒面和蒜末上就可以啦！

速食粉面大集合

这里介绍一下我自己比较喜欢吃的几款速食粉面，也是我家里常常会囤货的。鲜面条当然是最好吃的，但囤货也是不能没有的，方便呀！

乌冬面　口感滑溜。一包一包地放入冰箱保存（要注意保质期哦）。我最喜欢做黑椒牛肉炒乌冬，还有番茄肥牛配乌冬。

挂面 / 鸡蛋面　这个面我吃得最多，有两种，圆圆的和扁扁的。从小我妈给我煮圆圆的这种煮得最多，所以我最喜欢这款。我特别喜欢拿来拌面，花生酱拌面和葱油拌面都喜欢，我表妹则喜欢用扁扁的那种做葱油拌面！

刀削面　干刀削面是我家不会少的，做大盘鸡配这个（配鲜面条肯定是最好吃的，但是有时刚好没有，则可以用这个）或者土豆排骨配这个。还适合和浓肉汁类的菜进行搭配，面条裹着肉汁，好吃得不得了！

面线 / 线面　我最喜欢的面线的做法是，家里炖鸡汤或者鸭汤，把上面的油撇掉，在汤里加一点儿蒜末和酱油后拌面线，贼好吃！

意面　黑椒啦、奶油啦、番茄肉酱啦，嘻嘻，我最喜欢奶油意面了！

泡面　泡面应该没有人不爱吧？炒泡面，还有煮一些热乎乎的锅。我真的很喜欢煮泡面啊！我家里囤得比较多的是厦门泡面和辛拉面。

龙口粉丝　粉丝加蒜末配海鲜，绝配！还有凉拌粉丝、鸭汤粉丝，都是厦门的特色。

粉条　我出了蛮多粉条的食谱，因为我很喜欢吃粉条。不仅口感好，能炖，还比较入味。酸菜排骨炖粉条、梅干菜排骨炖粉条……各种都爱。冬天的时候，最喜欢炖粉条！

米粉　我最喜欢的米粉做法也是源于我妈。把排骨炒一下，烧个汤出来，再加米粉是我最喜欢的吃法，当然还有炒米粉！

沙茶肉肉拌面 P080

醋溜虾仁肉末凉面 P074

沙茶牛肉盖浇河粉 P088

炒饭，一碗满足

妈妈的蛋炒饭

食材

隔夜饭	200g
鸡蛋	1 个
香葱	2 根
盐	1/2 茶匙 ×2
鸡精	1/2 茶匙

❶ 鸡蛋液中加 1/2 茶匙盐，打散；锅烧热，多放点儿油，把鸡蛋炒熟，盛出备用，或者拨到锅的一边。

——中火

——中大火

——大火

❷ 锅里留点底油，把葱花里的葱白先放进去用中火爆香，再把米饭倒入。米饭如果结块，要提前弄散。用中大火翻炒米饭至全部炒散，再倒入炒好的鸡蛋，翻炒均匀。

❸ 放 1/2 茶匙的盐，翻炒均匀（口重的自己多加盐），再加入葱花和 1/2 茶匙鸡精，大火炒匀就可以啦！

紫菜五花肉蛋炒饭

食材

隔夜饭	200g
紫菜	5g
五花肉	100g
鸡蛋	1 个
香葱	2 根
盐	1/2 茶匙 × 2
鸡精	1/2 茶匙

❶ 鸡蛋液中加 1/2 茶匙盐后打散。锅
烧热，多放点儿油，把鸡蛋炒熟，
装起来备用。

❷ 紫菜过道水，泡软后沥干水
分，剪碎备用。

❸ 五花肉切小细条。

100

五花肉　　葱白　　紫菜

中火

❹ 锅里留点儿底油，先炒五花肉，炒出油以后，再放入葱花里的葱白并爆香（中火），再放紫菜翻炒一下。

鸡蛋

隔夜饭

中大火

❺ 米饭倒进去，米饭如果结块，要提前弄散。翻炒米饭（中大火）至全部炒散；倒入炒好的鸡蛋，耐心翻炒均匀。

盐　　葱花　　鸡精

大火

❻ 放入 1/2 茶匙盐翻炒均匀（盐根据自己口味调整），再加入葱花和 1/2 茶匙鸡精，大火炒匀就可以啦！

蜜汁叉烧炒饭

食材

食材

隔夜饭		180g
叉烧		100g
鸡蛋		1个
香葱		2根(切碎)
盐		1/2 茶匙 × 2
鸡精		1/2 茶匙

鸡蛋　盐

叉烧　　切碎

❶ 鸡蛋液中加 1/2 茶匙盐,打散。锅烧热,多加点儿油,把鸡蛋炒熟,装起来备用。叉烧切碎。

—中火

葱白　隔夜饭　鸡蛋　叉烧

❷ 锅里留点儿底油,先炒叉烧,再把葱花里的葱白放进去爆香(中火),接着把米饭倒进去。米饭如果结块,要提前弄散,翻炒米饭(中大火),全炒散。倒入炒好的鸡蛋,耐心翻炒均匀。

鸡精　葱花　盐

❸ 加 1/2 茶匙盐翻炒均匀(盐根据自己口味调整),再加入葱花和 1/2 茶匙鸡精,大火炒匀就可以啦!

沙县炒饭

食材

隔夜饭	200g
包菜丝	50g
里脊肉	100g
鸡蛋	1 个
香葱	2 根（切碎）
盐	1/2 茶匙 ×2
鸡精	1/2 茶匙

A 组

鲜酱油	2 茶匙
米酒	1 茶匙
淀粉	1 勺
水	1 勺

❶ 鸡蛋液中加 1/2 茶匙盐，打散；锅烧热，多放点儿油，把鸡蛋炒熟，装起来备用。

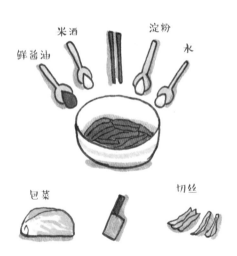

❷ 里脊肉切丝加 A 组抓匀。包菜切丝。

❸ 锅内倒一点儿底油，爆香葱白后下肉丝，
用中火翻炒至变色后加包菜丝，翻炒均匀。

❹ 再将隔夜饭倒进去，米饭如果结块，要提
前弄散，翻炒米饭（中大火）至全炒散。
倒入炒好的鸡蛋，耐心翻炒均匀。加 1/2 茶
匙盐，翻炒均匀（盐根据自己口味调整），
再加入葱花和 1/2 茶匙鸡精，大火炒匀就可
以啦！

萝卜干肉末炒饭

食材

隔夜饭 200g
萝卜干 50g
猪肉末 100g
鸡蛋 1个
香葱 2根
糖 1/3 茶匙
鲜酱油 1 勺 ×2
鸡精 1/2 茶匙

A 组

鲜酱油 1 勺
淀粉 1 小勺
食用油 1 小勺

① 鸡蛋加 1/2 茶匙盐，打散；锅烧热，多加点儿油，把鸡蛋炒熟，盛出备用。

② 猪肉末中加 A 组，抓腌一下。

③ 锅烧热改小火，再加油，先倒入猪肉末小火炒散，再加入葱白爆香，加萝卜干和鲜酱油，以及 1 勺糖，炒出香味。

④ 再加入隔夜饭，米饭如果结块，要提前弄散，翻炒米饭（中大火）至全炒散；加鲜酱油 1 勺（咸度根据自己口味调整），最后加入葱花和鸡精，大火炒匀就可以啦！

综合腊肠炒饭

食材

| 隔夜饭 | 200g | 鸡蛋 | 1 个 | 盐 | 1/2 茶匙 × 2 |
| 腊肠 | 2 根 | 香葱 | 2 根 | 鸡精 | 1/2 茶匙 |

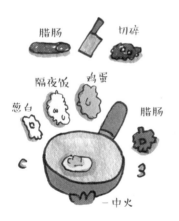

❶ 鸡蛋液中加 1/2 茶匙盐,打散;锅烧热,多加点儿油,把鸡蛋炒熟,盛出备用。

❷ 锅里留点儿底油,先炒切碎的腊肠,将腊肠炒成有点透明后把葱白放入爆香(中火),再把隔夜饭倒进去。米饭如果结块,要提前弄散,翻炒米饭(中大火)至全炒散。倒入炒好的鸡蛋,耐心翻炒均匀。

鸡精　葱花　盐　一 大火

❸ 加入 1/2 茶匙盐，翻炒均匀
（盐根据自己口味调整），
再加入葱花和1/2茶匙鸡精，
大火炒匀就可以啦！

咖喱鲜虾炒饭

食材

隔夜饭	180g
虾仁	8 颗
洋葱碎	20g
鸡蛋	1 个
咖喱粉	1 茶匙

或咖喱块半块

胡椒盐	1/2 茶匙
香葱	1 根（切碎）

葱白葱绿分开切碎

❶ 鸡蛋液中加 1/2 茶匙盐，打散；锅烧热，多加点儿油，把鸡蛋炒熟，盛出备用。

—中火

❷ 虾仁先煎到变色，盛出备用。

—中火

隔夜饭 鸡蛋 葱白 虾仁 洋葱碎

—中大火

❸ 锅内倒少许油，油热后下洋葱碎和葱白炒香，倒入米饭炒散，再加鸡蛋和虾仁，翻炒均匀。

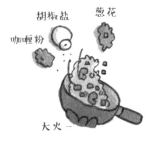

胡椒盐 葱花 咖喱粉

大火

❹ 加咖喱粉，充分炒匀，再撒少许胡椒盐调味（如果用的是咖喱块，本身有咸度，就不用再加盐了），起锅前加葱花炒匀就可以啦。

想加玉米粒和青豆的，洋葱炒香后放下去一起炒。如果用的是咖喱块，
提前切碎，也在这一步放下去，小火炒化。

酸菜牛肉炒饭

食材

					A 组		
隔夜饭	200g	香葱	2 根		鲜酱油	1 茶匙
酸菜	60g	糖	1/3 茶匙		淀粉	1 小勺
牛肉末	100g	鲜酱油	1 勺 ×2		食用油	1 小勺
牛肉可以换成猪肉		鸡精	1/2 茶匙			

❶ 牛肉末加 A 组，抓腌一下。

❷ 锅烧热改小火，再加油。先倒入牛肉末小火炒散，再加入葱白，爆香后加酸菜、糖和 1 勺鲜酱油，炒出香味。

❸ 再把米饭倒进去，米饭如果结块，要提前弄散，翻炒米饭（中大火）至全炒散，加 1 勺鲜酱油（咸度根据自己口味调整），再加入葱花和鸡精，大火炒匀就可以啦！

玉米牛肉炒饭

食材			照烧汁				
米饭		200g	蜂蜜		2大勺	味淋	2大勺
肥牛		150g	日式酱油		2大勺	水	1大勺
玉米罐头		适量	清酒		1大勺		

❶ 锅烧热，不粘锅可以不倒油（普通锅加一点点），中火把肥牛卷煎至两面金黄。煎好后，如果油很多，用吸油纸吸掉一点。

❷ 把照烧汁全部倒进去，烧开后不停翻炒，让肉裹满酱汁，留一些汤汁，先不要收汁。

❸ 把米饭和玉米粒倒进去炒匀就可以啦！（我们可以摆个造型，把肉拨开，米饭扣在中间，撒上玉米粒，"咔嚓"拍一张照片，再拌匀了吃）

熔岩奶酪泡菜鸡肉炒饭

食材

米饭		180g
鸡腿		1 个
泡菜		80g
马苏里拉芝士		60g

A 组

胡椒盐	1/2 茶匙
鲜酱油	1 勺
糖	1 勺

泡菜　　切条

❶ 鸡腿去骨切小块，加胡椒盐抓匀。泡菜切条。

❷ 平底锅内倒一点儿底油，油热后将鸡肉（尽量切小，好熟）炒变色后加泡菜和米饭，再加 A 组，翻炒均匀。

用勺子挖个洞

放马苏里拉芝士

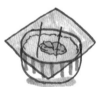
盖保鲜膜

微波炉热 2~3 分钟

❸ 拿个大碗，把炒好的饭倒进去，中间用勺子压一个大洞，加入马苏里拉芝士，盖上保鲜膜，再用微波炉中高火（600W）加热 2~3 分钟。

116

倒扣在盘子里   拿掉碗

④ 加热完，撕掉保鲜膜，倒扣在盘子里，挖开来就拉丝啦！

这道炒饭其实就是在炒好的饭中间放上芝士，把芝士加热成流动的状态，挖开来就爆浆咯！这只是一种方法，大家可以按自己的喜好去发明自己的吃法。

如何做出美味炒饭

炒饭是个很神奇的存在，它能把你喜欢的食材味道都融入米饭里，而且特别省事。按自己的喜好去搭配，再和米饭一起炒一炒，你能吃到一口一口满满的幸福的味道！

不过，好吃的炒饭也是有些诀窍的。

米饭要粒粒分明

首先要隔夜饭，炒之前要把结块的米饭尽量弄散，这样炒出来的饭才会粒粒分明哦！

要润锅

炒饭不能太油，所以锅要先烧热烧透，再用油润锅。润过的锅，不需要太多油，留一些底油，这样炒饭不会油腻，也不会粘锅。

火要大

在米饭下锅以后，翻炒米饭，火大才能锅气十足，米饭要在锅里炒到"跳舞"才好吃！

葱白要爆香

如果有需要加葱花的炒饭，一定要先把葱白另外拿出来爆香，这样才会香气十足！这本书里用到香葱的食谱，都是把葱白和葱绿分开切碎的。葱白是单独爆香，而葱绿作为一般所说的葱花，往往在最后阶段才放进去。

紫菜五花肉蛋炒饭 P100

沙县炒饭 P104

热乎乎的煲，
一碗满足

羊肉粉丝煲

食材

羊肉卷 250g

粉丝 1 小把

大葱 1 段

白萝卜 半根

盐 适量

胡椒粉 适量

香菜或香葱 适量

提示 我特别喜欢萝卜和羊
肉的搭配！羊肉的配菜可
以按着自己的喜好去选择，
各种青菜、菌菇类、萝卜、
冻豆腐都可以！

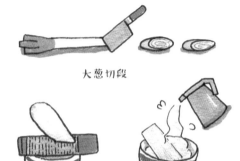

大葱切段

萝卜去皮刨丝　　粉丝用热水泡软

❶ 粉丝用热水泡软，大葱切小段，萝卜刨
丝（或者切片），备用。

萝卜丝

粉丝

一小火

❷ 锅内加入葱段、萝卜丝和高汤（或者清
水），烧开后转小火。萝卜丝软后下粉丝，
加盖把粉丝煮软（大概 5 分钟左右）。

羊肉卷

一 大火

❸ 最后下羊肉片，转大火煮至羊肉变色，
撇去浮沫，出锅前按自己口味加盐和胡
椒粉调味。最后撒上香菜或香葱就可以
吃啦。

沙茶肠旺煲

食材

大肠 300g
买处理好的

鸭血 150g

米血 200g

大葱段 小半根

蒜 5 瓣

A 组

沙茶酱 2 勺

糖 1 小勺

酱油 1 大勺

米酒 1 大勺

提示 这道菜的荤料可以按自己的喜好加。比如大肠、小肠、粉肠、猪肝、猪肚、猪腰、牛筋，或者别的自己喜欢的肉类。

大肠切小段

鸭血切块

米血切小段

❶ 大肠等内脏可以买处理好的，也可以用卤好的大肠来做。把各种食材按自己喜好切块。

❷ 炒锅内加油烧热，爆香葱蒜，放入大肠翻炒一会儿，加 A 组翻炒均匀。

米血

开水

—大火转中小火

❸ 加入米血和开水，没过食材，煮开后加盖用中小火焖 20 分钟（如果汤汁不够可以中途加水）。

鸭血

—大火转中火

❹ 把炒锅内的食材全部转入砂锅，加入鸭血，开大火，煮开后，改中火煮 1~2 分钟，起锅前按自己口味加盐。

在第❸步可以加一些豆芽，或者喜欢的素菜。按自己喜好去加吧。吃完以后，可以加点水，再加面条煮熟（加泡面超赞的），或者不加水，捞一些面条拌进去吃，很好吃！

←口水

低脂低热杂菇煲

食材

喜欢的各种菇（如香菇、平菇、口蘑、金针菇、海鲜菇、茶树菇等）
混合起来一共 500g 左右

| 蒜 | 3 瓣（切末） | 蚝油 | 1 勺 | 香葱 | 3 根 |
| 鲜酱油 | 1 小勺 | 盐 | 1/2 茶匙 | 芹菜 | 3 根 |

蟹味菇　　香菇

杏鲍菇

茶树菇

金针菇

海鲜菇

平菇　　草菇

菇菇们

葱白

蒜末

❶ 各种菇菇洗净、切块
（条状的菇菇不切），
香葱和芹菜切段。

❷ 锅内倒油，油热后下蒜末、葱白爆香，
放入菇菇们翻炒至出水，加小半碗
水，大火煮开后，盖上盖子转中火
煮 5 分钟。

－大火
转中火

鲜酱油　蚝油

葱段
芹菜段

盐

❸ 煮够 5 分钟后，加鲜酱油、蚝油和盐调味，撒上葱段和芹菜段，出锅开吃。（想吃肉的这一步可以加肥牛片）

紫菜海鲜煲

食材

紫菜 1 片

五花肉 1 小块

海蛎 20 颗

不爱吃海蛎就换花蛤

青蒜 1 根（切段）

没有就用葱

生姜 1 片（切丝）

盐 适量

紫菜

❶ 把紫菜泡在水里，泡软。

五花肉

盐

❷ 把五花肉切成小条，越小越好。海蛎拿回来泡盐水，先放着。

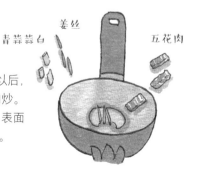

姜丝

青蒜蒜白

五花肉

❸ 锅内油烧热，爆香生姜以后，再放青蒜蒜白和五花肉炒。五花肉要炒久一点儿，表面有点儿焦的那种才会香。

❹ 放入泡软的紫菜, 要捞起来,
沥干水后再放, 不要连水一
起倒进去了。翻炒两下, 再
倒入干净的水, 淹没紫菜就
好, 让它们"悠闲地躺着"。

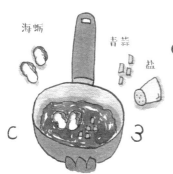

❺ 煮开以后, 加入海蛎和青蒜段,
再次煮开, 尝尝味道, 很鲜哟!
按自己口味加盐, 没经验的就
一点一点加, 加一次尝一次。
调完味道, 就可以关火了。

啤酒鱼煲

食材

黑鱼   1 条
2 斤左右

啤酒   1 罐

盐   1 茶匙

淀粉   2 勺

A 组

蒜   20 瓣

姜   3 片

洋葱   半颗(切块)

花椒   10 颗

干辣椒   5 个
可不加

香葱   2 根

B 组

生抽   2 勺

蚝油   2 勺

糖   1 勺

❶ 把黑鱼处理干净(不懂处理可以买处理好的),鱼身切块,鱼头对半切,加盐和淀粉腌制 20 分钟左右。

❷ 锅内油热,下鱼块煎至两面微焦,盛出待用。

蒜　花椒　干辣椒　洋葱

啤酒

— 中火

❸ 将锅内底油烧热，下 A 组的
蒜瓣、姜片、花椒、干辣椒
爆香后加 A 组的洋葱，炒香
以后再加啤酒煮开。

鱼块

C

3

— 大火转中火

❹ 加 B 组搅匀，铺上鱼块，大
火煮开后，开着盖子，转中
火炖 10 分钟。

出锅前撒上葱段即可。可以用
砂锅炖，也可以直接炖，看自
己喜好。

可乐土豆排骨煲

食材		A 组	
排骨	250g	可乐	250ml
蒜	3 瓣	酱油	适量
土豆	1 个	料酒	1 大勺

❶ 排骨切段泡去血水，中间多换几次水。（喜欢焯水的，可以先焯水）

— 中火

❷ 锅里油烧热，把排骨（要沥干水分）放下去煎至两面金黄，再加入蒜翻炒均匀。

可乐　酱油　料酒

— 大火转小火

❸ 加入 A 组的调味料，煮开后尝一下味道，酱油加到汤汁喝起来比你吃的口味淡一些，因为收汁以后会变咸。大火煮开后，加盖改小火，煮 20 分钟。

提示 这里是口味的分水岭，要吃糖醋口味的话，还要加很多醋，醋量按自己的口味加。

土豆切块

小火

❹ 再加入土豆，小火煮 10 分钟，中途记得翻面，最后大火收汁，就可以啦！

肉末茄子粉丝煲

食材

茄子		1 个
龙口粉丝		2 把
猪肉末		150g
蒜		3 瓣（切碎）
郫县豆瓣酱		1 大勺
葱花		适量

A 组

料酒	1 勺
鲜酱油	1 勺
淀粉	1 勺

B 组

料酒	1 勺
酱油	1 大勺
糖	1 茶匙

茄子去皮去头　　切条

粉丝泡软

料酒　　淀粉　　鲜酱油

❶ 粉丝提前用冷水泡软。茄子去皮，洗净切细条。猪肉末加 A 组抓匀。

❷ 锅内留底油，油热后下猪肉末炒至变色，再下蒜末和郫县豆瓣酱炒出红油，加入 B 组翻炒均匀。

郫县豆瓣酱　　料酒　　糖

蒜末

酱油

猪肉末

－中火

❸ 加茄子和水，水稍稍没过食材，大火煮开后将食材转移到砂锅里，盖上盖子中小火煮 5 分钟。

茄子

—大火转中小火

❹ 最后加入泡好的粉丝并搅匀，盖上盖子中小火煮 4 分钟左右即可。撒上葱花，开吃~

粉丝

—中小火

喜欢吃辣的自己加辣椒。如果喜欢吃寿喜烧味的，就加一些味啉或者米酒和糖的混合物。也可以改用别的粉丝，有的粉丝煮的时间比较久，请自己灵活调节。

排骨豆角粉条煲

食材		A 组		B 组	
排骨	250g	花椒	10 颗	料酒	1 大勺
豆角	300g	八角	1 颗	生抽	3 大勺
粉条	80~100g	蒜	5 瓣	老抽	1 勺
		姜	2 片	糖	1 茶匙

❶ 把粉条泡软。豆角先撕掉筋，再掰成小段，洗净备用。排骨泡去血水（排骨要焯水的可提前焯水）。

❷ 锅烧热加油，再将 A 组的姜片、蒜、八角和花椒（吃辣则加辣椒）爆香，加排骨炒到变色。

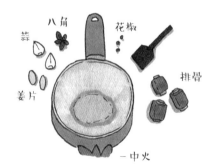

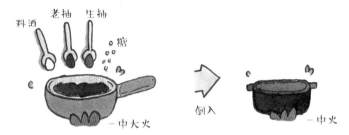

❸ 加 B 组后翻炒均匀，加开水淹没食材，煮开后，先加盖炖 10 分钟。
（如果用砂锅的话，在炒排骨的时候，就可以在另一个炉子上中
火预热砂锅，等锅烧热后，连肉带汤都倒进去）

❹ 加入豆角，码均匀，让豆角
泡到汤汁里，继续加盖炖 20
分钟。

❺ 加入粉条，加盖炖 5~10 分
钟左右（根据粉条的软硬度
调节炖的时间）。葱和辣椒
还有盐按自己喜好，在起锅
前加。

瘦肉豆腐煲

食材

老豆腐	1 块
干香菇	8 朵
瘦肉	50g
香葱	2 根（切段）
芹菜	3 棵（切段）
红辣椒	2 个（切段）
姜	2 片（切丝）
蒜	3 瓣（切末）

A 组

酱油	1 勺
料酒	1 勺
淀粉	1 勺

B 组

酱油	1 大勺
蚝油	1 勺
糖	1 茶匙
盐	1/2 茶匙

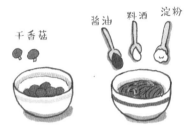

❶ 干香菇提前泡软，瘦肉切丝加 A 组腌制一下。（也可以准备虾米之类的，按自己喜好去加食材）

❷ 豆腐切成 1 厘米厚的片，什么形状都可以。吸干表面水分，煎到两面金黄。

❸ 锅烧热加油，油热后爆香葱白和姜蒜，加肉丝炒变色，加香菇炒香。

煎好的豆腐

❹ 锅里加入一小碗水（最好
是用泡发香菇的水），加 B
组，煮开后加豆腐（用砂
锅的话，这时候可以去热
砂锅了）。

蚝油　糖　　　　盐
　　　　　　　　酱油
香菇水　　　　大火

❺ 将上一步的食材转入砂锅，
烧开后，中火煲 5 分钟即可。
出锅前按自己喜好加葱段、
芹菜和辣椒。（如果没有
砂锅，就直接在炒锅里煮 5
分钟）

葱段　　　芹菜
辣椒　　　　　中火

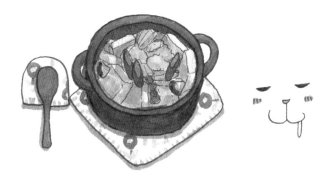

韩式辣酱烧鸡煲

食材

鸡腿		3 个
土豆		1 个（250g）
胡萝卜		1 根（150g）
洋葱		1/3 个
干辣椒		3 个
姜		2 片
芝麻油		1 勺
蒜		5 瓣

A 组

酱油		2 大勺
米酒		1 大勺
韩式辣酱		3 大勺

鸡腿 切块

土豆 切块

胡萝卜 切块

洋葱 切丝

蒜 切片

❶ 鸡腿切块，土豆去皮切块，胡萝卜去皮切块，洋葱切丝，大蒜切片。

干辣椒

姜片

蒜片

鸡肉

中大火

❷ 锅烧热后加 1 勺芝麻油，爆香蒜片、姜片和干辣椒后，再倒入鸡腿块翻炒到鸡肉变色。

洋葱

胡萝卜

一中大火

③ 鸡腿肉炒变色后，加胡萝卜和洋葱，继续翻炒。

酱油　米酒　韩式辣酱

后放土豆

一中小火

④ 加水淹没所有食材后加 A 组调味，煮开后，改中小火炖 10 分钟，再加土豆块炖 10~20 分钟至土豆绵软。

吃很辣的话可以自己加辣椒粉。如果用土鸡做，先将鸡肉、胡萝卜和洋葱炖 20 分钟，再加土豆炖 10~20 分钟。我觉得换地瓜或者南瓜炖也很好吃。

粉丝香菇鸡煲

食材	配料	
鸡腿 2个	蒜 3瓣	蚝油 1大勺
红薯粉丝 1把	姜 2片	糖 1茶匙
干香菇 8朵	米酒 1大勺	盐 适量
	生抽 1勺	葱花 适量
	老抽 1小勺	

鸡腿切块

香菇泡发　　　粉丝泡软

❶ 鸡腿肉切成块；干香菇提前泡发，切块（泡完的水留着）；红薯粉丝提前用热水泡软（如果用的是龙口粉丝，就要用温水泡）。

❷ 锅内倒少许油，先爆香姜片，后下鸡腿块炒至表面微焦，然后下蒜末炒香，再加入香菇煸炒一会儿。

❸ 加米酒、生抽、老抽、蚝油、糖和泡发香菇的水，到淹没鸡肉的位置（不够就加水），搅匀。大火煮开后，转中火加盖焖煮 10 分钟，尝一下味道，加盐调味。

❹ 放入泡好的粉丝，中火煮 5分钟左右，把粉丝煮软即可。起锅前撒上葱花。

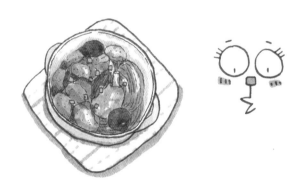

沙茶烧鸡煲

食材		A 组	
鸡腿	2 个	沙茶酱	2 勺
油豆腐	170g	酱油	1 大勺
干香菇	15g	米酒	1 勺
蒜	2 瓣	糖	1 茶匙

❶ 鸡腿切块，用开水焯了备用；
干香菇泡软、切丝（香菇水
可以留下）。

❷ 锅烧热加油，爆香蒜末，再加入香菇和鸡块，翻炒一下，然后加 A
组翻炒均匀。

炒锅版	砂锅版

水　油豆腐

挨砂锅

❸ 加入油豆腐后，加水（或香菇水），水基本快淹没食材就可以。
大火烧开后，改小火加盖煮 12 分钟（也可以改用砂锅炖），起
锅前撒上葱花就可以啦。

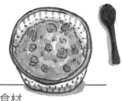

咖喱番茄鸡肉炖饭

食材

大米		1 杯
鸡腿		3 个
大番茄		180g
洋葱		40g
胡椒盐		1 茶匙

A 组

番茄酱		1 勺
盐		1/2 茶匙
糖		1 茶匙
米酒		1 大勺
咖喱粉		1 小勺
水		1 杯

划十字　　烫开水

去皮　　切小丁

泡大米

❶ 鸡腿去骨（步骤见 P010）；番茄去皮，切小丁备用；大米提前浸泡 30~60 分钟，再沥干水分备用。

鸡腿　胡椒盐
—中小火

❷ 锅内烧热，鸡腿肉带皮一面向下放入，中小火煎出油，加胡椒盐 1 茶匙，翻炒至鸡肉表面都变色，把肉拨到一边。

番茄丁　大米
洋葱
—中小火

❸ 加入洋葱和番茄丁翻炒，把番茄丁炒软了，再加大米炒 1 分钟。

米酒　盐　糖
番茄酱　咖喱粉
水
—中小火

❹ 加 A 组，翻炒均匀（这时候可以尝尝
味道，不够咸就多加点盐）。

炒锅版	**电饭煲版**

—小火

❺ 加盖改小火，焖煮 12~20 分
钟（时间按米的软硬程度调
整）。

❺ 也可以全部倒入电饭煲，按
下煮饭键，就可以啦！

培根菠菜奶油炖饭

食材

大米		1 杯	洋葱		40g	淡奶油	50ml
菠菜		100g	蒜		2 瓣	水	1 杯
培根		4 片	无盐黄油		15g		

菠菜洗净烫熟　　　过凉水　　　　大米浸泡

菠菜　　　　　　　　　　　切碎

洋葱　　蒜　　　　　　　切末

培根　　　　　　　　　　切碎

❶ 菠菜洗干净，开水烫 1 分钟后过凉水，沥干水分，切碎；培根切小正方形；洋葱和大蒜切碎；大米提前浸泡 30~60 分钟，沥干水分后备用。

洋葱碎 蒜末
培根
黄油
— 中小火

❷ 锅烧热，中小火融化黄油，再把蒜末、洋葱碎、培根炒香（我会加一点儿研磨黑胡椒）。

菠菜碎 淡奶油
大米
水
— 中小火

❸ 再加入大米炒 1 分钟，加入水、淡奶油、菠菜碎翻炒均匀（这时候可以尝尝味道，不够咸就加点儿盐）。

炒锅版

— 小火

❹ 加盖改小火，焖煮 12~20 分钟（时间按米的软硬程度来调整）。

电饭煲版

❹ 也可以全部倒入电饭煲，按下煮饭键，就可以啦！

一个煲的灵魂食材

我是属于一年四季都喜欢吃火锅的人,所以在家做饭特别喜欢煲类。一个煲装满了各种食材,食材在煮的过程中,味道流入汤汁之中,汤汁融合后把美味集齐并释放出来,把食物煮得美滋滋的!

冬天需要热乎乎的煲,暖胃;夏天吃煲,开胃。煲可以用不同的肉搭配不同的调味做出不一样的滋味,搭配煲的食材就千千万万啦,我总结一下比较百搭的食材吧。

粉类

各种各样的粉条或粉丝都是煲的绝配啊!不一样的粉条煮的时间不一样,大家要自己把握。我之前去沈阳吃了一种酸菜炖粉条,其中加排骨和五花肉的酸菜炖粉条需要提前预定,先炖上半小时,炖好以后加生蚝一烫,又鲜美又好吃!绝了!

菌菇类

菌菇类本身就可以做一个杂菇煲啦！菇类就看自己喜好去选咯！

酸菜 / 泡菜

酸菜炖粉条，上面已经提到了，还有韩式泡菜能做泡菜锅。这种酸酸的味道很开胃。怎么选择完全看你个人喜好咯！和酸菜的风味不一样。

豆角、豆制品、芋头、土豆、萝卜、白菜

上面这些都是我比较常用的一些食材，按自己喜好去选择就好。豆角炖烂了很好吃，很适合做煲。豆腐我喜欢能炖很久，炖出大孔、很入味的那种。做芋头时我则喜欢用海鲜干和一些肉做汤底，把芋头炖得绵软。土豆，我妹妹最爱吃。萝卜和白菜都适合久炖。

沙茶肠旺煲 P124

紫菜海鲜煲 P128

啤酒鱼煲 P130

肉末茄子粉丝煲 P134

排骨豆角粉条煲 P136

瘦肉豆腐煲 P138

韩式辣酱烧鸡煲 P140

粉丝香菇鸡煲 P142

培根菠菜奶油炖饭 P148

万能酱汁，一碗满足

炸鸡蛋酱

食材

鸡蛋　3 个

东北大酱　2 大勺

水　4 大勺

大葱　小半段

尖椒　1 个

提示　不吃辣的可以把尖椒
换成青椒。

❶ 尖椒切碎，大葱切末，鸡蛋打散，大酱加 2 勺水搅匀备用。

❷ 锅内倒油，油温五成热时转小火，倒入蛋液炒散，火不要太大，不然会炒老了。

❸ 鸡蛋炒凝固之后，再加小半碗的油，把鸡蛋炸一下，炸得松软。

大酱　葱末　尖椒碎

C　3

—中大火

④ 再加入大酱、尖椒碎和葱末，炒匀后
收汁就可以啦！

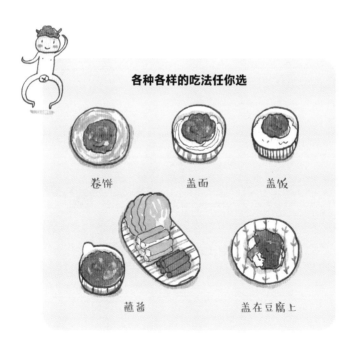

各种各样的吃法任你选

卷饼　　　　盖面　　　　盖饭

蘸酱　　　　盖在豆腐上

快手辣味肉臊酱

食材

猪肉末	200g
蒜	2 瓣

A 组

红油豆瓣酱	1 勺
辣椒酱	1 大勺

B 组

糖	1 茶匙
米酒	1 大勺
酱油	2 大勺
老抽	1 小勺
水	3 大勺

提示 辣椒酱，我是用三五麻辣香调料，大家可以用自己常用的辣椒酱或者老干妈顶一下也不错。

① 锅中加点儿油，小火慢慢将猪肉末炒散至变色，再改中火炒 1 分钟就可以加入蒜末，继续翻炒均匀，炒出香味。

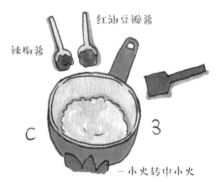

② 先改小火，把 A 组全部加进去，中小火不停地翻炒均匀，大概炒 2 分钟。

米酒　酱油　老抽

水

糖

C

3

一中火

❸ 再加入 B 组翻炒均匀，中火烧 2~3 分钟，
中大火收下汁就可以啦。因为红油豆瓣酱
和辣椒酱料本身都有咸味，所以不需要再
加盐，口重的则自己调整。

这是 2~3 人的量，主要看肉酱吃得多不多，
吃得多的话就 2 个人吃，不多的话 3 个人
也够吃。喜欢吃的话，可以多做一点儿，
做完放冰箱可以保存 2 周。

香辣牛肉酱

食材

牛里脊		250g
菜籽油		300ml
熟芝麻		20g
盐		适量

A 组

郫县豆瓣酱		60g
蒜末		60g
红辣椒		100g
姜末		20g

B 组

甜面酱		30g
黄豆酱		15g
十三香		1 茶匙
花椒粉		2 茶匙
糖		2 大勺

提示 可以找能高温烹调，且没有特殊气味的食用油代替菜籽油。

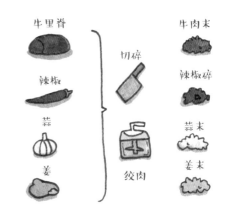

❶ 牛里脊切碎或者用绞肉机绞成末。红辣椒（辣椒可以按自己喜欢的辣的程度选品种）、蒜和姜都切成末。

❷ 锅先大火烧热，再改小火，加菜籽油，加完油赶紧加入牛肉末。油太热会很难炒散肉末，小火耐心地一直翻炒 10 分钟左右。

郫县
豆瓣酱　辣椒碎　蒜末　姜末

—中小火

甜面酱　黄豆酱　糖　花椒粉　十三香

—小火

❸ 加入 A 组，中小火耐心翻炒　　❹ 把 B 组加进去，小火翻炒 10
均匀，煸炒出香味。（我一般　　　　分钟左右。
不停地翻炒 5 分钟左右。）

白芝麻

❺ 起锅前加熟芝麻炒匀（这一步时尝下咸淡，
不够咸再按自己口味加盐），然后盛入干净
的玻璃瓶中保存，冰箱冷藏一般可以放 2 周。

提示　我不喜欢花生所以没有放，喜欢吃的可以在放熟
芝麻的时候一起放入熟花生碎。

三杯鸡肉臊酱

食材

鸡胸肉		300g
姜末		30g
蒜末		30g
芝麻油		100ml
水		150ml
罗勒		适量

A组

酱油		3大勺
米酒		2大勺
蚝油		1勺
糖		2茶匙

提示 如果没有罗勒就不要加。没有可以代替的哈。

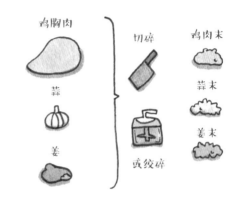

❶ 鸡胸肉切碎或用搅拌机绞成肉末。蒜、姜都切成末。

❷ 锅烧热后加芝麻油，小火爆香姜末和蒜末，再加入鸡肉末，小火慢慢炒开，炒到鸡肉变色。

米酒　蚝油

酱油　　糖

－ 中火

❸ 把 A 组全部加入，中火翻炒均匀。

水

－ 大火转小火

❹ 加水，大火煮开后，改小火加盖煮 10~15
分钟，起锅前加入罗勒碎就可以啦！

忘情汁

食材

食用油		50ml
花椒		1 勺

A 组

辣椒面		1 勺
白芝麻		1 勺

B 组

酱油		1 勺
醋		1 小勺
蒜		3 瓣
糖		1/3 茶匙
鸡精		1/3 茶匙
盐		1/3 茶匙

❶ 花椒和油一起下锅，开小火，认真盯着花椒，快变棕色立马关火，过滤掉花椒。花椒炸过头了会发苦。

❷ 先把 A 组装入碗里，将步骤 ❶ 中炸好的花椒油趁热倒入碗中，搅拌均匀。

用这个汁凉拌各种食材都超级好吃！

❸ 趁热把 B 组全部加进去，搅拌均匀，得到忘情汁。

162

炸鸡蛋酱 P154

快手辣味肉臊酱 P156

香辣牛肉酱 P158

三杯鸡肉臊酱 P160

人生难忘一瓶酱

一瓶好吃的酱可以让食物化腐朽为神奇。随便烫个青菜或肉片，加上这个酱料就可以变成美味。这就是酱料的魅力，让厨艺变得容易。你只要花点时间把这个酱料做好就可以"无敌"啦。不仅能够随时变出美味，还很节约时间。

炸鸡蛋酱

这个酱料除了拌面，可以蘸任何蔬菜吃，卷饼吃也可以。有一次在朋友家，我们还在酱里加入了碎豆腐，口感更丝滑。拌面吃时，吸溜吸溜的，超爽！

快手辣味肉臊酱

这个辣味肉酱我本来是做来拌面吃的。没想到拌青菜也很美味。用它做成了辣酱烤吐司以后简直发现了"新大陆"。此款肉酱，中式和西式吃法均适宜。

香辣牛肉酱

这个当零食吃都可以，牛肉好香。可以烫面、加点汤，把肉酱当浇头用。

我每次做完以后就会当酱牛肉一直吃，真是太香了，很像灯影牛肉。

三杯鸡肉臊酱

这个配饭比较适合啦！喜欢三杯鸡口味的不要错过！

忘情汁

这个忘情汁我从 2016 年吃到现在都还没有吃腻，真是太香了！最早

我是做龙利鱼时淋这个汁，后来做鸡丝、各种凉拌菜都用这个汁了，

太好吃了。